Ingeborg Knaak

Kasperle & Co. sind da!

Kasperfiguren und Türrahmentheater selbst gemacht

frechverlag

Im frechverlag sind viele weitere Bücher zum Thema Puppen und Spielgefährten erschienen. Hier eine Auswahl:

TOPP 2199

TOPP 2270

TOPP 2059

TOPP 2089

TOPP 2267

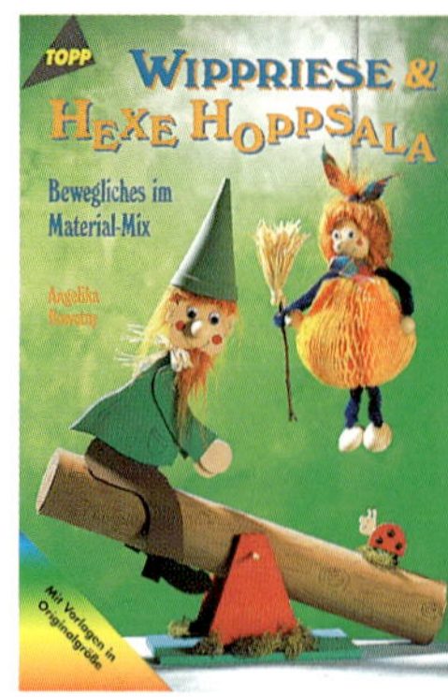

TOPP 2285

Meinem Mann und ganz besonders meiner Tochter sage ich herzlichen Dank für die tatkräftige Unterstützung bei der Erstellung dieses Buches.

Fotos: frechverlag GmbH + Co. Druck KG, 70499 Stuttgart;
Fotostudio Ullrich & Co., Renningen

Dieses Buch enthält:
1 Vorlagenbogen

Auflage:	5.	4.	3.	2.	1.	Letzte Zahlen
Jahr:	2002	2001	2000	1999	98	maßgebend

frechverlag GmbH + Co. Druck KG, 70499 Stuttgart

ISBN 3-7724-2359-0 · Best.-Nr. 2359

Druck: frechverlag GmbH + Co. Druck KG, 70499 Stuttgart

Spielen gehört zur Entwicklung eines Kindes genauso wie das leibliche Wohl.

Spielende Kinder sind glückliche Kinder. Im Spiel lernen die Kinder. Das alles wissen wir als Erwachsene. Was ist schöner, als mit Kindern oder für Kinder zu spielen?

Nicht nur in der Kombination „Vater-Buben-Eisenbahn". Im Kasperle-Spiel läßt sich auch so manche kritische Situation – Krankenbett, Zwistigkeiten mit Freunden oder Geschwistern, unschöne Angewohnheiten usw. – ansprechen. Jede Mutter, jeder Vater, wer auch immer hinter der Kasper-Bühne sitzt, kann durch die Figur des Kasper die „Sache" thematisieren.

Bei unseren drei Kindern war nicht immer der Kasper der allerbeste Freund. Eins liebte die Prinzessin heiß und innig wegen der Krone und der schönen Haare. Das andere schwor auf den Postboten, weil die Posttasche wie eine Schatztruhe wirkte. Das dritte wiederum hatte ein Komplott mit der Großmutter geschlossen, vielleicht, weil es die eigene Omi so sehr liebte.

Um Ihnen nicht nur Anleitungen für die Figuren und das Theater, sondern auch einen Anstoß zum spontanen Spielen zu geben, habe ich für Sie drei kleine Texte geschrieben. Und Ihnen werden bestimmt noch viele einfallen! Ich muß dazu sagen, in meinen Stücken hat das Böse keinen Platz (davon gibt es in der Welt genug), so wird zum Schluß der Räuber auch ein Freund sein.

Viel Freude wünsche ich Ihnen zunächst beim Anfertigen des Theaters und der Figuren und dann beim Spielen.

Ingeborg Knaak

Materialliste

Steppstoff (Positiv-Negativ-Dessin)
Baumwollstoff
Nickistoff
Mohair-Wolle
Bouclé-Wolle
Lammfell/Mohairfell
Puppen-Trikotstoff,
feste Qualität, feine Qualität
TG-Schlauch
Füllmaterial (Schafwolle)
Lockenwickler
Spitze/Satinband
Schere, Zackenschere
Nadeln, Glaskopfstecknadeln
Reißfestes Garn/Nähgarn
Stoffmalfarben für das Gesicht
Wachsmalstift

Vgl. auch die einzelnen Anleitungen.

So entsteht der Kopf

Sie brauchen:

TG-Schlauch Nr. 5, ca. 40 cm (Kopf); TG-Schlauch Nr. 2, 20 cm (Lockenwickler); ca. 40-45 g Schafwolle; 20 cm x 20 cm Puppentrikot (feine Qualität); 1 Lockenwickler, ø ca. 3 cm

Den Lockenwickler beziehen Sie, wie auf der Abbildung Seite 18 zu sehen. Über das obere Ende (Zipfel) Schafwolle wickeln, so daß ein mandarinengroßer Ball entsteht. Von dem Lockenwickler muß noch etwa ein Drittel sichtbar sein. Damit die Wolle nicht verrutscht, nähen Sie sie mit einigen Stichen an dem Lockenwickler an.

Schemazeichnung Abbindetechnik

a)

Offener Schlauch

b) 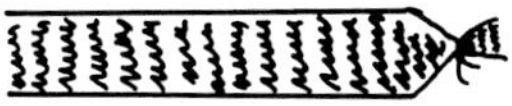

Eine Seite wird fest zugebunden und verknotet

c) 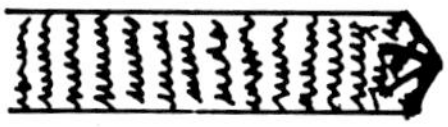

Der Schlauch wird gewendet, der abgebundene Zipfel zeigt nach innen

Sie stopfen Wolle fest in Schlauch Nr. 5, schieben den vorgefertigten Lockenwickler mit hinein, verteilen die restliche Wolle rundherum und binden den TG-Schlauch unter dem Lockenwickler fest zusammen.
Nun beginnen Sie mit dem eigentlichen Abbinden des Kopfes.

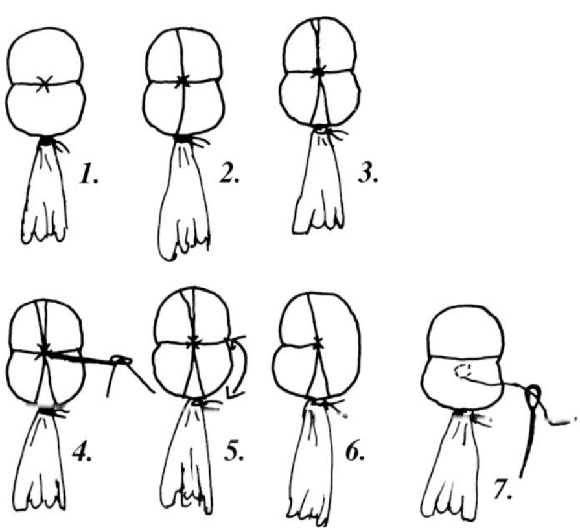

1.) Sie denken sich an einer „Kopfseite", rechts oder links – ich beginne immer rechts, da ich Linkshänder bin – ein Ohr. Dort vernähen Sie einen langen, reißfesten Faden zwei bis dreimal. Dabei immer durch Schlauch und Wolle stechen. Nun ziehen Sie den Faden zweimal quer um den „Kopf". Es entsteht die Augenrille. Da der Faden jetzt unter Spannung steht, mit dem Daumen fest auf die Kreuzstelle drücken und den Faden wieder durch zwei- bis dreimaliges Vernähen fixieren.

2.) Jetzt führen Sie den Faden längs über den Kopf zweimal nach vorn – das Kinn entsteht.

3.) Nun längs über den Kopf einmal nach hinten.

4.) Sie sind wieder am Ausgangspunkt (dem sogenannten Ohrenkreuzchen). Hier wird wieder fest vernäht. Stechen Sie mit der Nadel ganz durch den Kopf, und kommen Sie an der anderen „Ohrseite" heraus. Da vernähen Sie den gekreuzten Faden ebenfalls zwei- bis dreimal.

5.) Mit einer dicken Häkelnadel ziehen Sie den Querfaden am Hinterkopf nach unten, …

6.) … so entsteht ein schöner, runder Hinterkopf.

7.) Vorn wird nun in der Mitte, etwas unter der Augenrille, die Nase gearbeitet. Sie können sich dafür mit einem weichen Bleistift einen kleinen Kreis zeichnen. Von der „Ohrseite", an der noch Ihre Nadel hängt, stechen Sie durch den Kopf zu dem gezeichneten Kreis, hierbei ist es gleich, wo Sie herauskommen. Nun nähen Sie wie kleine Heftstiche auf der gezeichneten Linie, dabei wieder Schlauch und Wolle erfassen. Wenn Sie jetzt den Faden leicht anziehen, hebt sich das kleine Näschen hervor. Auch hier wieder mit dem Daumennagel die „Spannung" des Fadens festhalten. Damit das Näschen seine Form behält, „unternähen" Sie den kleinen Hügel ein paar Mal, d.h. Sie stechen an einer Seite des Näschens die Nadel ein und führen sie gegenüber am Näschen wieder heraus.
Damit verhindern Sie, daß die Wolle, die in der kleinen Nase ist, in den Kopf zurückgedrückt werden kann. Führen Sie jetzt den Rest des Fadens zu einer der beiden „Ohrseiten" zurück, und schneiden Sie ihn ab.

Jetzt nähen Sie den Puppen-Trikot in der Breite des Kopfes bei senkrechtem Maschenverlauf an der Außenkante eng zusammen, stülpen die Naht nach innen und ziehen ihn über den Kopf. Nähen Sie den Trikotstoff mit kleinen Stichen am Oberkopf an.

Markieren der Augenhöhlen:
Stecken Sie zwei Stecknadeln mit Glaskopf als Markierungspunkte in das Gesichtchen, und zwar genau in den Faden der Augenlinie (auf gleichen Abstand rechts und links von der Nase achten).

Mit einer langen, spitzen Nadel stechen Sie oben in den Kopf und kommen genau an der Stecknadel heraus (diese wird nun entfernt). Zwei Maschenbreiten nach außen wieder die Nadel einstechen und oben am Kopf wieder herauskommen. Die beiden Fäden hängen lassen. Mit dem zweiten Auge genauso verfahren. Nun erst die beiden Fäden des einen, dann des anderen Auges verknoten. Damit sich der Kopf richtig vom Hals abhebt, wird er nochmals mit einem reißfesten Faden abgebunden.
Jetzt lösen Sie den Faden, mit dem Sie den TG-Schlauch unter dem Lockenwickler zugebunden hatten.

Am Lockenwicklerende den Schlauch und den Puppen-Trikot soweit abschneiden, daß ca. 2-3 cm hängen bleiben. Dieses Stück in das Innere des Lockenwicklers schieben und durch das Drahtgewebe festnähen.

Jetzt kommt der spannendste Teil der Kopfherstellung: Das Bemalen des Gesichtes. Mit einem Wachsmalstift bringen Sie etwas „Rouge“ auf Wangen und Näschen auf. Für Mund und Augen benutzen Sie Stoffmalfarben. Für die Augen nehme ich eine Glaskopfstecknadel. Ich tauche den Glaskopf nur ganz leicht, etwa bis zur Hälfte, in die Farbe. Dann drücke ich ihn in die gekennzeichnete Augenhöhle. Für das Bemalen des Mundes nehme ich einen Zahnstocher oder einen Holzschaschlikspieß. So kann man feine Konturen malen.

Kopf einsetzen

Der fertige Figurenkopf hat jetzt einen „standfesten“ Hals erhalten. So können Sie ihn leicht in die Kleidung einsetzen. Jeweils die obere Öffnung der Kleider ca. 0,5 cm nach innen kippen und mit kleinen festen Stichen um den Hals herum annähen.

Kleidung

Wenn Sie die Köpfe gearbeitet haben, können Sie mit der Kleidung beginnen.
Alle Teile – bis auf die Hände – werden ohne Nahtzugabe zugeschnitten. Die Hände mit Nahtzugabe zuschneiden.
Sie nähen an alle Kleideroberteile zuerst den Körperstoff für die Hände an, und zwar die Schmalseite an die Punkte 1 und 2. Dabei schlagen Sie den Kleiderstoff ca. 0,5 cm nach links ein und steppen ihn so auf die rechte Seite des Körperstoffes.
Haben Sie dies an allen vier Seiten getan, legen Sie beide Kleiderteile rechts auf rechts und fixieren den Zusammenhalt gut mit Stecknadeln oder einer Heftnaht.
Jetzt legen Sie die Handschablone auf den Körperstoff, und zwar wieder auf die Punkte 1 und 2 (Daumen zeigt nach oben) und zeichnen mit einem weichen Bleistift um die Schablone herum. Nun wird nur noch von Punkt 3 über die aufgezeichnete Hand bis Punkt 4 und vom nächsten Punkt 4 über die Hand bis Punkt 3 genäht. ACHTUNG: Öffnung aussparen. Unter den Armen die Rundungen (Schlangenlinien) bis zur Naht einschneiden, das Kleid wenden, unten säumen – das Grundkleid ist fertig!

Die Abwandlung der verschiedenen Kleider und die dazu gehörenden Accessoires finden Sie bei den Anleitungen zu jeder Figur.

Die Anleitung für das Theater finden Sie auf Seite 28.

Großmutter

(Abbildung Seite 9)

Material:

Kleid: *50 cm x 30 cm Baumwollstoff*
Weste: *55 cm x 20 cm Strick- oder Wollstoff*
Hände: *20 cm x 15 cm Körpertrikot*
Haare: *ca. 40 g Bouclé-Wolle*
1 Brille
2 kleine Knöpfe

Das Grundkleid wird wie auf Seite 6 beschrieben gearbeitet. Den Kopf wie auf Seite 6 beschrieben einsetzen.
Für den Stehkragen einen schmalen Streifen, ca. 3,5 cm breit, im Stoffbruch bügeln, die offenen Seiten nochmals 0,5 cm nach einer Seite bügeln und von Hand, an der Rückenseite beginnend, mit kleinen Stichen um den Hals herum an das Kleid nähen.

Weste:

Schulternähte von Punkt 1 zu Punkt 2 schließen. Armlöcher von Punkt 3 über Schulternaht zu Punkt 3 ca. 0,5 cm nach links einschlagen und mit dem Zick-Zack-Stich der Nähmaschine versäubern. Nun die Seitennähte von Punkt 3 zu Punkt 4 schließen. Jetzt die Weste rundherum, wie bei den Armlöchern beschrieben, versäubern. Sie beginnen bei Punkt 5 und enden auch da.
Mit zwei Knöpfchen und einer Garnschlaufe wird die Weste verziert.
Perücke wie unten beschrieben arbeiten! Zusätzlich für den Haarknoten in Rundungen einen Kreis von ca. 5 cm Durchmesser häkeln. Den Rand mit einem Faden etwas einkräuseln, den Kreis mit Wolle füllen und mit dem Kräuselfaden auf dem Kopf festnähen.

Häkel-Perücken

Sie brauchen eine Häkelnadel Nr. 5 bei Bouclé-Wolle, Nr. 2,5 bei Mohairwolle.

Die Perücke wird wie eine Mütze gehäkelt, immer in Rundungen. Dabei ist es gleich, ob Sie von unten oder von oben beginnen.
Durch die dicke Häkelnadel bleiben bei der Bouclé-Wolle die Schlaufen als kleine Locken stehen (Großmutter).
Bei der Mohair-Wolle die Mohairflusen nicht mit einhäkeln, nur den Grundfaden. So entstehen Haare, die man später kämmen und bürsten kann (Gretel).
Zuletzt kann die Perücke auf den Kopf genäht werden.

Spiel I

Hinweis:
~~~ bedeutet Sprechpausen für Kinder.

Der Geburtstagsbrief für die Großmutter

Es spielen mit:
Kasper
Gretel
Seppel
Herr Bommel, der Postbote

Dauer: ca. 10-15 Minuten

(Kasper erscheint mit Blumen in der Hand und summt die Melodie „Zum Geburtstag viel Glück“.)

Kasper: Hallo, ihr kleinen Freunde, ist das schön, daß ihr alle gekommen seid. Wißt ihr auch, was heute für ein Tag ist?
Nein? Dann will ich es euch sagen. Meine liebe, liebe Großmutter hat heute Geburtstag. Darum habe ich auch schon diese Blumen gepflückt.
Wo nur mein Freund, der Seppel, bleibt? Wollen wir ihn mal gemeinsam rufen?

(Seite 8 geht's weiter)
~~~

SEPPEL! ———— SEPPEL! ———————— SEPPEL! ————SEPPEL!

(Seppel erscheint)

Seppel: Nanu, Kasper, was schreist du so?

Kasper: Weil ich schon so lange auf dich warte, wir wollen doch meiner Großmutter zum Geburtstag gratulieren.

Seppel: Ja, ja, ich weiß, ich weiß. Wir brauchen nur noch auf meine kleine Schwester, die Gretel, zu warten. Die packt noch die Geschenke ein. Oh, ich glaube, ich sehe sie schon kommen.

(Gretel trägt zwei große Päckchen)

Gretel: Hi, da bin ich! Seht mal, habe ich die Geschenke für die Großmutter nicht schön verpackt?

Kasper: Was ist denn da drin?

Gretel: Sei nicht so neugierig. Ich frage auch nicht, was du für Blumen in der Hand hast!

(Kasper schaut von den Päckchen zu den Blumen, hin und her)

Kasper: Was ich für Blumen in der Hand habe? Also, Gretel, das siehst du doch, das brauche ich doch nicht zu sagen!

Seppel: Kasper, du mußt die Päckchen mal anfassen, dann fühlst du, was da drin ist. Dann braucht Gretel es dir nicht zu sagen.

Gretel: Aber er muß raten, aber er muß raten!!

Kasper: Bitte, Seppel, halte mal meinen Blumenstrauß.

(Seppel nimmt die Blumen, Kasper faßt vorsichtig die Päckchen an)

Kasper: Freunde, soll ich euch was verraten? ~~~ Das Päckchen ist ganz weich. Was mag das wohl sein? ~~~

Gretel: Kasper, ich will dir helfen. Die Großmutter strickt doch immer so schöne warme Socken. Na, was ist wohl in dem Paket? ~~~ Ob die Kinder das auch erraten?

Kasper: Ja, Wolle, richtig, Wolle, schöne Wolle, bunte Wolle, weiche Wolle. Nun muß ich noch fühlen, was in dem anderen Päckchen ist.

(Man hört ein Jammern und Weinen)

Kasper: Was war das? He, Seppel, hast du das auch gehört?

Seppel: Nein, was soll ich gehört haben?

Kasper: Da heult doch jemand. Frag' die Kinder, habt ihr es gehört? ~~~

Gretel: Da kommt jemand angehumpelt und heult und jammert. Wenn ich richtig sehe, ist es Herr Bommel, unser Postbote.

(Postbote kommt jammernd an)

Postbote: Abgeschafft gehörten sie, alle abgeschafft. Oder eingesperrt in der Früh.

Kasper: Von wem ist die Rede; Herr Bommel? Wer oder was gehört abgeschafft?

Seppel: Und warum jammerst du so?

Gretel: Und warum humpelst du so?

Postbote: Weil mich Großmutters Hund ins Bein gebissen hat. Au, au tut das weh!

Kasper: Und warum, bitte, hat dich der Hund gebissen?

(Seite 10 geht's weiter)

Postbote: Hier *(er zieht einen recht dicken Brief aus der Tasche),* diesen Brief wollte ich der Großmutter bringen. Sie hat doch heute Geburtstag. Seht mal, wie schön bunt er bemalt ist.

Gretel: Bunt bemalt? Großmutter hat erzählt, daß sie jedes Jahr zum Geburtstag einen wunderschönen Brief bekommt. Ganz bunt bemalt.

Kasper: Ja, ja und in dem Brief sind viele gemalte Bilder. Darauf freut sie sich schon sehr lange.

(Kasper wendet sich zu den Kindern)

Sagt mal, meine lieben Freunde, schreibt ihr eurer Großmutter auch immer schöne bunte Briefe?

Postbote: Bloß nicht, wenn ich all' die Briefe austragen soll und überall ist vielleicht ein Hund. Aua, aua mein Bein!

Seppel: Also, Herr Bommel, überall sind ja keine Hunde, und es beißen ja auch nicht alle Hunde, und die Briefe könnten ja auch bei jeder Großmutter in den ~~~ na ~~~ Kinder, wo könnte Herr Bommel die Briefe einwerfen? ~~~

Genau, in den Briefkasten!

Postbote: Ja schon, aber ich wollte halt klingeln und den Brief persönlich abgeben. Und, Kinder, wißt ihr warum? ~~~
Richtig, die Großmutter hat so leckeren Kuchen gebacken!

Gretel: Kuchen?? Pudding? Eis? Jetzt wird es aber Zeit, daß wir gehen, ich mag sooo gern Eis!

Kasper: Hab' ich einen Hunger auf Kuchen!

Seppel: Wenn ich an Pudding denke, läuft mir das Wasser im Munde zusammen.

Postbote: Aua, aua, dieser freche kleine Hund, aua...

Kasper: Wenn wir vor Großmutters Haus sind, singen wir alle gemeinsam „Zum Geburtstag viel Glück, zum Geburtstag viel Glück, zum Geburtstag liebe Omi, zum Geburtstag viel Glück"!

Aber Herr Bommel, nicht immer „Aua" dazwischenrufen, das klingt nicht so schön!

Kasper

Material:

Kleid: *50 cm x 30 cm Baumwollstoff*
Hosenbeine: *je 18 cm x 15 cm Baumwollstoff*
Hände: *20 cm x 15 cm Körpertrikot*
Beine: *20 cm x 25 cm Körpertrikot*
Mütze, Schuhe: *35 cm x 35 cm Nickistoff*
Kragen: *50 cm Spitze*
30-35 g Schafwolle
1 Wollpompon

Für das Unterkleid können Sie einen Stoffrest aus Ihrem Nähkorb verwenden. Schneiden Sie es nach Vorlage des Grundkleides zu. Die genähten, gestopften, mit Schuhen und Hosenbeinen bekleideten Beine legen Sie zwischen beide Unterkanten des Unterkleides und nähen die Kanten zusammen.
Jetzt legen Sie das Unterkleid auf eine Hälfte des Grundkleides, fixieren alles, um ein „Verrutschen" zu verhindern, mit Stecknadeln oder Heftstich, und arbeiten weiter wie auf Seite 6 beschrieben.
Der Kopf wird wie auf Seite 6 beschrieben eingesetzt.

Schneiden Sie das Mützendreieck zu.
Für die Haare einen Mohair- oder Lammfellstreifen an die breite Seite der Mütze nähen (vgl. Skizze auf dem Vorlagenbogen). Rechts auf rechts legen, von der Breitseite Punkt • bis zur Spitze Punkt △ zunähen und die Mütze wenden. Die Mütze am Kopf festnähen.
Wie der Spitzenkragen genäht wird, können Sie bei der Prinzessin nachlesen (Seite 28). Er wird dem Kasper um den Hals gebunden, dann wird der Pompon angenäht, und nun darf man ihn zum Spielen auffordern!

Seppel

Material:

Hemd: *50 cm x 15 cm Baumwollstoff*
Unteres Kleidteil: *50 cm x 18 cm Baumwollstoff*
Hände: *20 cm x 15 cm Körpertrikot*
Hut: *25 cm x 22 cm Nickistoff*
Hut: *50 cm Kordel oder Satinband*
Perücke: *27 cm x 11 cm Lamm- oder Mohairfell*
Halstuch: *30 cm x 30 cm Baumwollstoff (reicht für zwei Halstücher)*
2 kleine Knöpfe

Beim Zuschneiden des Hemdes beachten Sie die Teilnaht an Punkt 5 des Grundkleides. Das untere Kleidteil wird aus andersfarbigem Stoff zugeschnitten. Teilnaht und Punkt 5 am Vorder- und Rückenteil zusammennähen. Dann weiter verfahren wie auf Seite 6 beschrieben. Schmale Träger je nach Wunsch (fertige Maße hier: 30 cm x 1 cm) nähen und am fertigen Gewand von vorn nach hinten anpassen. Vorn einen Querriegel setzen, hinten die Träger kreuzen. Nähen Sie die Träger von Hand an die Teilnaht, und verzieren Sie sie mit Knöpfchen. Den Kopf wie auf Seite 4-6 beschrieben einsetzen.
Für den Hut den Nickistoff rechts auf rechts legen, die Schablone auflegen und umzeichnen. Auf der gezeichneten Linie von Punkt 0 zu Punkt 0 in Pfeilrichtung nähen. Nach dem Nähen die Hutform ausschneiden, wenden, die untere Kante 0,5 cm nach innen schlagen und mit Zick-Zack-Stich versäubern. Es entsteht durch die Stoffdehnung eine Krempe! Über die Krempe wird die Kordel oder das Satinband gebunden.
Seppel erhält eine Perücke nach der Anleitung auf Seite 20.
Für das Halstuch lesen Sie beim Räuber, Seite 18, nach.

Gretel

Material:

Oberteil: *50 cm x 15 cm Baumwollstoff*
Rockteil: *50 cm x 17 cm Baumwollstoff*
Schürze inkl. Säume: *25 cm x 14 cm Baumwollstoff*
Hände: *20 cm x 15 cm Körpertrikot*
Kragen: *50 cm Spitze*
Haare: *ca. 40 g Mohair-Wolle, 2 x 20 cm Schleifenband, 0,5 cm breit*
2 Knöpfe in Herzform

Für das Kleid zunächst die Schürze an den drei in der Skizze gestrichelten Kanten säumen. An die Ansatzpunkte * des vorderen Rockteils ankräuseln. Dann Oberteile und Rockteile zusammennähen und wie auf Seite 4-6 beschrieben weiter arbeiten.
Die Perücke arbeiten Sie nach der Anleitung von Seite 7.
Zum Spitzenkragen siehe Seite 28.

Postbote

Material:
Kleid, Mütze: *50 cm x 40 cm Baumwollstoff*
Hände: *20 cm x 15 cm Körpertrikot*
Perücke: *27 cm x 11 cm Mohairfell*
Einen größeren Rest Stoff in Gelb für die Tasche (15 cm x 13 cm) und die Posthorn-Aufnäher

Das Grundkleid wird wie das von der Großmutter gearbeitet.
Den Kopf setzen Sie ein wie auf Seite 6 beschrieben; wie die Perücke entsteht, können Sie auf Seite 20 nachlesen.
Für die Tasche den Stoff doppelt nehmen. Die fertige Größe ist 7 cm breit und 6 cm hoch, das Trägerband ca. 40 cm lang.
Das Posthorn malen Sie mit schwarzer Stoffmalfarbe auf den gelben Stoff für Tasche, Kleid und Mütze.
Die Mütze wie beim Polizist arbeiten (vgl. Seite 24).

EIN ✉ FÜR DICH!

Räuber

(Abbildung Seite 21)

Material:

Kleid: *50 cm x 30 cm Baumwollstoff*
Halstuch: *30 cm x 30 cm Baumwollstoff (reicht für zwei Halstücher)*
Hände: *20 cm x 15 cm Körpertrikot*
Perücke, Bart: *27 cm x 11 cm Mohair- oder Lammfell*
Bunte Reste für Flicken und Augenklappe
Hutgummi

Das Grundkleid nach dem Zuschneiden ganz nach Belieben mit bunten Flicken versehen, einige Schlitze und Ecken einschneiden und dann wie auf Seite 6 beschrieben arbeiten.
Der Kopf wird wie auf Seite 4-6 beschrieben eingesetzt.
Das Quadrat für das Halstuch über Eck legen, an der Schrägseite durchschneiden, und Sie haben gleich zwei Halstücher! Das Halstuch rundherum 0,5 cm einschlagen und mit Zick-Zack-Stich versäubern.
Die Perücke arbeiten Sie wie auf Seite 20 beschrieben, der Bart wird mit kleinen Stichen von Hand angenäht. Der Bart-Zuschnitt ergibt sich beim Zuschneiden der Perücke (obere Rundung).
Augenklappe: einen Rest Stoff doppelt legen, Vorlage übertragen und nach Muster nähen, durch den Schlitz wenden, Schlitz von Hand schließen. Hutgummi an den Punkten x annähen und die Augenklappe je nach Wunsch auf das rechte oder linke Auge setzen. Wenn Sie mögen, verschmieren Sie dem Räuber mit Stoffmalfarbe etwas das Gesicht!

Teddy „Quasi"

Material:

Körper: *75 cm x 30 cm Mohairfell*
Kopf: *35 g Schafwolle*
1 Paar Augen, ø 8 oder 9 mm
Etwas Nasengarn
Lockenwickler, wie bei den Puppen

Haben Sie die Schnitt-Teile so oft wie benötigt auf den Stoff übertragen (mit weichem Bleistift oder wasserfestem Stift), schneiden Sie alle Teile mit 0,5 cm Nahtzugabe aus.

Beginnen Sie mit dem Kopf.
Schließen Sie die Kinn-Naht von Punkt 2 bis Punkt 1. Anschließend das Kopfmittelteil zwischen die Seitenteile nähen: von Punkt 3 links über Punkt 1 bis Punkt 3 rechts. Darauf achten, daß auch die anderen Markierungspunkte genau aufeinanderpassen.
Die beiden Teile für jedes Ohr nähen Sie von Punkt 4 in Pfeilrichtung zu Punkt 5 und wenden sie. Die Ohrenöffnung etwas nach innen einschlagen und mit einem nicht zu kurzen, festen Faden so zunähen, daß das Ohr später mit demselben Faden am Kopf angenäht werden kann.
Nun den Kopf wenden und gut ausstopfen. Dabei für den mit TG-Schlauch bezogenen Lockenwickler (siehe Foto 1) als Fingerführung genügend Platz lassen. Den Lockenwickler lassen Sie bis zur Hälfte unten aus dem Kopf herausragen (Foto Nr. 2).

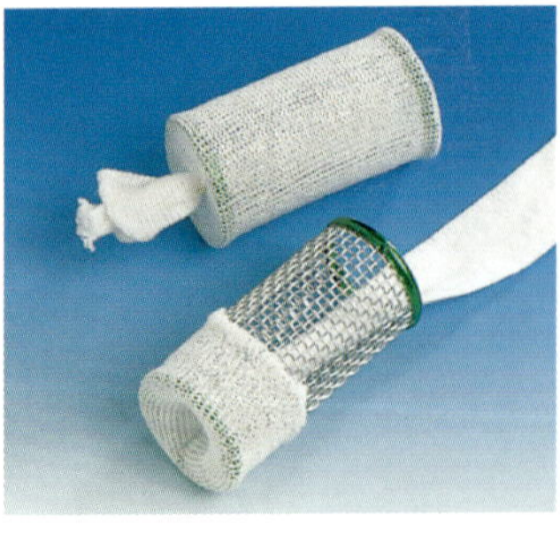

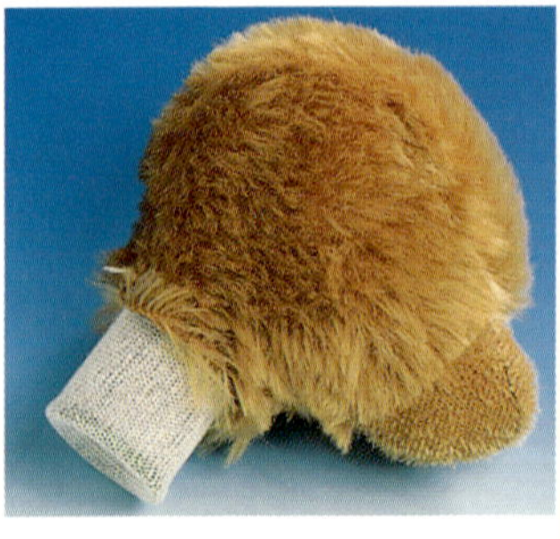

Jetzt einen reißfesten Faden in die untere Halskante ziehen, um den Lockenwickler raffen und zusammenziehen. Um einen guten Halt zu bekommen, nähen Sie ein paar Mal durch den Lockenwickler.

Den Platz für Augen und Ohren bestimmen Sie selbst, ebenso die Form der gestickten Nase. So bekommt jeder Teddy sein individuelles Aussehen.

Für den Körper legen Sie beide Teile rechts auf rechts und nähen in Pfeilrichtung von Punkt 6 bis Punkt 7.

➡ ***ACHTUNG!*** Halsöffnung (gestrichelt) aussparen. Vor dem Wenden an den mit * markierten Stellen die Ecken einschneiden (Formen kommen so besser heraus).

Nun stecken Sie den Kopf in die Halsöffnung und nähen die nach innen gekippte Halsöffnungsnaht mit kleinen Matratzenstichen am unteren Kopfrand an. Jetzt brauchen Sie nur noch den unteren Rand des Körpers nach innen zu säumen, und Quasi ist zum Spielen bereit. Ein Teddy kann erstaunlicherweise bei den Kindern fast alle Rollen übernehmen.

Lammfell- oder Mohairfell-Perücke

Die Perücke nach der Vorlage zuschneiden. Achten Sie darauf, daß der Florstrich zum Gesicht zeigt!
Rechts auf rechts legen und die Schrägseiten von Punkt 1 zu Punkt 2 zusammennähen. Am oberen offenen Rand einen reißfesten Faden in kleinen Heftstichen 0,5 cm von der Kante durchziehen, fest zusammenziehen und verknoten.
Auf rechts drehen, mit der Naht am Hinterkopf gut auf den Kopf plazieren und mit kleinen Stichen am Kopf annähen.
Wenn Sie jetzt mögen, können Sie ausprobieren, wieviel „Friseurtalent" in Ihnen steckt. Sie können noch „nachschneiden"!

Spiel II

➡ ***Hinweis:***
~~~ bedeutet Sprechpausen für Kinder.

Teddys Schatz

Es spielen mit:
Teddy
Kasper
Räuber
Polizist

Dauer: 10-15 Min.

Kasper: Hi, meine lieben Freunde, da bin ich mal wieder.
Ihr kennt mich sicher alle, oder?
Oder ist ein neuer kleiner Freund dabei? Dann müßte ich mich ja vorstellen!
Ja, ja, ich weiß, was ihr anderen jetzt denkt: Wer kennt den Kasper nicht!!
Aber es ist halt so, immer bin ich zu lustigen Streichen aufgelegt, immer hüpfen, springen, tanzen, singen. Darum kennt mich auch jeder!
Heute aber, heute habe ich große Lust dazu, einmal ganz vernünftig zu sein. Ihr auch? ~~~
Wollen wir es zusammen versuchen? ~~~
Also ...

(Eine Bärenstimme wird betätigt, Kasper dreht den Kopf etwas zur Seite)

Habt ihr das gehört? ~~~ Da, da ist es wieder, hört sich an wie eine Stimme von einem Bären, meint ihr nicht auch? ~~~

(Der Teddy erscheint)

Kasper: Nanu, wer bist du denn?

Teddy: Ich bin Quasi, der kleine Bär aus der Bärenhöhle.

Kasper: Und was willst du hier bei uns? Hast du dich etwa verlaufen?

Teddy: (stottert rum) Hm, ja, also, nein, nein, so richtig verlaufen nicht, aber nun, also, so etwas weggelaufen.

Kasper: Weggelaufen? Aus deiner Bärenhöhle? Ja, und sucht dich jetzt jemand?

Teddy: Ja, also nein, ich glaub' schon, Mama Bär und Papa Bär suchen mich vielleicht. Hm, nein, also ein bißchen, also ganz bestimmt.

Kasper: Also, Quasi, das macht man auch nicht! Schau mich an, ich, der Kasper, mache nie Dummheiten – nicht wahr, Kinder? ~~~
Ich bin immer vernünftig. Nun sag' aber mal, warum bist du weggelaufen?

(Seite 22 geht's weiter)
~~~

Räuber

(Anleitung Seite 18)

Teddy: Ja also, Mama Bär und Papa Bär haben für den Winter ganz viel Honig von den fleißigen Bienen bekommen. Und du mußt wissen, lieber Kasper, Honig ist meine liebste Naschung, davon kann ich nie genug bekommen!

Kasper: Kinder, versteht ihr das, warum läuft Quasi dann aber weg? Ihr müßt ihn nochmal fragen! ~~~

(Den Kindern etwas Zeit lassen!!)

Teddy: Wißt ihr, Kinder, ich habe ein paar Gläschen dieses köstlichen Honigs, goldgelb schimmert er in den Gläsern, in ein kleines Versteck gebracht! So als Extra-Vorrat für den Winter.... Den Waldweg immer geradeaus, links um die große Tanne, dann rechts. Unter dem alten Holunderbusch habe ich meinen goldgelben Schatz versteckt!!

Kasper: So, so.

Teddy: Aber jetzt bin ich so müde, ich muß ein wenig schlafen...

(Teddy verschwindet)

Kasper: Was machen wir jetzt, sollen wir zu Mama Bär und Papa Bär gehen und ihnen sagen, wo Quasi ist? ~~~

(Ein Geräusch verursachen)

Kasper: Was war das jetzt schon wieder? Habt ihr es auch gehört? Ich gehe mal nachsehen...

(Der Kasper geht weg, der Räuber erscheint)

Räuber: Hallo, guten Tag, seid ihr schon lange hier? ~~~
Ich suche etwas, vielleicht könnt ihr mir helfen? ~~~
Ich habe gehört, im Wald soll ein goldener Schatz versteckt sein, den möchte ich mir holen. Mich darf nur kein Polizist erwischen. Wißt ihr vielleicht, wo der Schatz liegt? ~~~
Wenn ihr es mir nicht sagen wollt, dann muß ich allein suchen gehen...

(Räuber verschwindet)

Kasper: Was war das hier eben für ein Lärm? ~~~
Was habt ihr gesagt? Ein Räuber? Ein goldener Schatz im Wald? Ja, Kinder, das kann doch nur Quasis Honig sein. Paßt auf, ich hole schnell den Polizisten Frippe, und ihr versucht Teddy zu wecken! Ihr ruft immer ganz laut „Quasi, wach auf! Dein Schatz ist in Gefahr!" Wollt ihr das tun? ~~~ *(Kasper verschwindet, in der Hoffnung, daß die Kinder ganz laut rufen)*

(Teddy erscheint, reibt sich die Augen)

Teddy: Oh, ach, bin ich noch müde! Was ist denn los, Kinder? Hab' ich geträumt, oder habt ihr mich gerufen? Was ist passiert? ~~~
Was, ein Räuber will meinen Schatz holen? Was mache ich bloß, wer hilft mir? ~~~

(Kasper und Polizist erscheinen)

Kasper: (dreht sich zum Polizist) Das, lieber Meister Frippe, ist Quasi, der kleine Bär. Wir müssen ihm helfen. Kinder, helft ihr mit? ~~~

Teddy: Ich laufe schon vor, vergiß nicht, lieber Kasper, den Waldweg immer geradeaus, links um die große Tanne, dann rechts... *(die Stimme wird immer leiser, denn Teddy ist schon losgelaufen)*

Polizist: Dann wollen wir aber auch gleich hinterher gehen...

(Seite 24 geht's weiter)

(Kasper und Polizist verschwinden – Teddy und Räuber erscheinen, jeder ein Glas Honig im Arm)

Teddy: Schaut nur, Kinder, ich habe einen neuen Freund. Es ist der Räuber Felix.

Räuber: Und Quasi ist mein neuer Freund. Als ich endlich sein Versteck gefunden hatte – ich glaubte ja, der Schatz ist reines Gold – saß er da bei seinen Honiggläsern und hat so traurig geguckt, da konnte ich ihm doch nichts wegnehmen! Ich habe ihm nur tragen geholfen.

Teddy: Ja, und nun warten wir auf Kasper und Meister Frippe. Und dann wollen wir gemeinsam Honig schlecken!!

Polizist

Material:

Kleid, Mütze: *50 cm x 40 cm Baumwollstoff*
Hände: *20 cm x 15 cm Körpertrikot*
Haare: *40 g Bouclé-Wolle*
Vlieseline
2-3 lustige Knöpfe zum Verzieren
Gürtelschlaufe o. ä.

Das Grundkleid entsteht wie auf Seite 6 beschrieben.
Der Stehkragen wird wie bei der Großmutter angebracht (Seite 7).
Gürtel und Schulterstreifen in der Größe wie die Träger bei Seppel nähen. Nähen Sie alles von Hand an, und verzieren Sie die Uniform mit Knöpfen.
Kopf und Perücke arbeiten Sie nach Seite 4-6 und 20.
Für die Mütze den Kreis zuschneiden. Für den Mützenschirm zur Verstärkung Vlieseline unterbügeln. Stoff rechts auf rechts legen, von der Schablone die Form übertragen, von Punkt 1 in Pfeilrichtung zu Punkt 2 nähen. Ausschneiden, wenden und bügeln. Zeichengenau von Zeichen ○ zu Zeichen ○ den Schirm an den Mützenkreis nähen. Einen Streifen, 30 cm lang und 5 cm breit, zum Stoffbruch legen, bügeln und an den Mützenkreis nähen. Bei Zeichen * beginnen und enden.
Damit die Mütze nicht rutscht, wird sie mit einigen Stichen am Kopf angenäht!

König

(Abbildung Seite 26)

Material:

Kleid: *50 cm x 30 cm Baumwollstoff*
Umhang: *50 cm x 35 cm Nickistoff*
Hände: *20 cm x 15 cm Körpertrikot*
Haare: *40 g Bouclé-Wolle*
Krone: *25 cm x 15 cm Nickistoff*
1 m Satinband, 0,5 cm breit

Die Herstellung von Grundkleid, Kopf und Perücke können Sie auf den Seiten 4-6 und 7 nachlesen.
Der Umhang ist 50 cm breit, 35 cm lang. Die beiden Längsseiten und die untere Kante nach innen säumen. Eine Ziernaht der Nähmaschine, mit andersfarbigem Nähgarn versehen, sieht besonders hübsch aus. An der oberen Kante einen 3 cm breiten Umschlag nähen und auf Halsweite in Falten legen. Auf die Faltennaht das Satinband steppen und zwei gleichlange Enden zum Binden einer Schleife hängenlassen (siehe Skizze auf dem Vorlagenbogen).
Den Nickistoff für die Krone rechts auf rechts legen, Schablone auflegen und umzeichnen. Auf der gezeichneten Linie von Zeichen * bis Zeichen * in Pfeilrichtung nähen. Sauber ausschneiden. Die Ecken an den Zeichen △ gut einschneiden, die Krone wenden, bügeln, die Wendeöffnung 0,5 cm nach innen schlagen und zusteppen. Die Enden zusammenfügen und von Hand schließen. Mit kleinen Stichen auf dem Kopf annähen.

König und Prinzessin

(Anleitung Seite 25 und 28)

Prinzessin

(Abbildung Seite 27)

Material:

Kleid: *80 cm x 25 cm Baumwollstoff*
Hände: *20 cm x 15 cm Körpertrikot*
Krone: *25 cm x 15 cm Nickistoff*
Kragen: *50 cm Spitze (die hier verwendete Spitze ist 10 cm breit)*
Perücke: *27 cm x 11 cm Lammfell*

Bei dem Kleid gehen Sie zunächst wie folgt vor:
Nach dem Zuschneiden das Rockteil des Kleides etwas einkräuseln und zahlen- und zeichengenau zusammennähen. Dann wie auf Seite 6 beschrieben weiter arbeiten.
Kopf wie auf Seite 6 beschrieben einsetzen und die Perücke wie auf Seite 20 beschrieben arbeiten.
Für den Kragen wird die Spitze an den Seiten mit Zick-Zack-Stich versäubert, oben nähen Sie einen Tunnel. Band einziehen, und der Kragen ist fertig!
Die Krone entsteht wie die Königskrone (Seite 24).

Das Kaspertheater

Es ist aus Stoff gefertigt, und zwar aus vielerlei Gründen:

➠ Es nimmt wenig Platz ein, denn es wird in die Türöffnung gehängt.

➠ Es ist waschbar.

➠ Es kann nach dem Spielen zusammengerollt und weggepackt werden oder als Wandschmuck im Kinderzimmer hängen.

➠ Es kann leicht transportiert werden (Urlaub, Krankenhaus, Freunde).

Material:

Hier gebe ich Ihnen nur die Maße von meinem Theater an. Sie können die Maße leicht an Ihre Türgröße anpassen.
Länge: *2,15 m, mit Dach*
Breite: *0,80 m*
Dach: *Höhe 0,20 m, Breite unten 0,54 m*
Gardinen: *2 x 0,50 m breit, 0,70 m lang*
2 Rundstäbe für die Gardinen: *à 0,70 m Länge, ø 8 mm*
1 Rundstab als Dachstange: *à 0,85 m Länge, ø 12 mm*

Wenn Sie Steppstoff verwenden – der meist zweifarbig ist –, fassen Sie alle Schnittkanten mit Schrägband ein. Schneiden Sie zuerst das Fenster aus: 0,50 m breit, 0,40 m hoch, etwa 1,20 m von unten gemessen. Auch diese Schnittkanten mit Schrägband einfassen. Das so erhaltene Ausfallstück setzen Sie unterhalb des Fensters als Taschen – mehrmals gesteppt – auf. Hier haben, wenn das Theater als Wandschmuck dient, einige Puppen oder Krimskrams ihren Platz (siehe Foto Seite 29).
Für das Dach an der oberen Kante die Seiten etwas abschrägen (siehe Skizze auf dem Vorlagenbogen).
Nun schlagen Sie die Dachhöhe um und steppen einen Tunnel für die Dachstange. Diese ergibt gleichzeitig die Halterung des Theaters in der Türöffnung und wird an zwei Schraubhaken gehängt.
An die Rückseite des Fensterausschnitts nähen Sie sechs Stoffschlaufen, und zwar an alle vier Ecken und jeweils oben und unten in der Mitte.
Gardinen säumen, oben einen etwas breiteren Tunnel nähen.
Jetzt brauchen Sie nur noch die beiden dünneren Rundstäbe in die Schlaufen zu schieben. So behält das Fenster eine feste Form, und gleichzeitig hängen am oberen Rundstab die Gardinen.

**Sie sehen,
es ist gar nicht so schwer!**

Krokodil

(Abbildung und Material Seite 31)

Körper und Schnauzeninnenteil des Krokodils werden nach Muster je zweimal gegengleich zugeschnitten.

Am Körperoberteil drei Gumminähte auf der Innenseite steppen (Gummi beim Aufsteppen etwas spannen = Kräuseleffekt! siehe Schlangenlinien in der Vorlage).

Am Schnauzeninnenteil von Punkt * in Pfeilrichtung zu Punkt * Zackenlitze aufnähen. Schnauzeninnenteile rechts auf rechts legen und von Punkt 1 zu Punkt 2 eine Naht nähen. Nun eine Hälfte Schnauzenteil an das Körperoberteil, die andere Hälfte an das Körperunterteil nähen.

Achten Sie darauf, daß alle Markierungspunkte aufeinanderpassen. Danach von Punkt * seitlich zu Punkt □ nähen, das Krokodil wenden und die untere Kante säumen.

Augen plazieren und annähen. Nun ist das freundliche Krokodil spielbereit!

Spiel III

3 Minuten-Spiel zum Einschlafen

Es spielt nur die Großmutter

(Das Kind oder die Kinder liegen schon im Bett – Großmutter erscheint mit einem kleinen Buch in der Hand)

Großmutter: Hast du dich schon schön in deine Kissen gekuschelt, (Name des Kindes einsetzen!)? Dann lese ich dir jetzt eine kleine Geschichte vor. Sie heißt „Kasper und das Krokodil“.

Als der Kasper ein kleiner Junge war, so ungefähr 5 Jahre alt, wünschte er sich, daß er schwimmen lernen möchte. „Warte nur, bis es Sommer wird“, sagte seine Mutter. „Dann gehen wir jeden Tag bei Sonnenschein in das Schwimmbad, und da kannst du mit vielen anderen kleinen Kindern schwimmen lernen“.

Der kleine Kasper schaute täglich aus dem Fenster und fragte seine Mutter „Ist jetzt Sommer?“

Endlich war es soweit, die Sonne schien, es war warm und der Kasper ging mit seiner Mutter in das Schwimmbad. Alle Kinder standen in Badehosen am Beckenrand. Ein freundlicher Bademeister erklärte ihnen einiges, und dann hüpften alle zusammen ins Wasser!

Ein langer, großer Holzbalken schwamm darin. Alle Kinder hatten Platz, sich mit den Armen daran festzuhalten und mit den Beinen zu plantschen. War das ein Spaß!!

Jeden Tag, wenn die Sonne schien, ging der kleine Kasper mit seiner Mutter zum Schwimmenlernen.

Wer es schon ein wenig konnte, durfte den Holzbalken loslassen und alleine schwimmen.

Der kleine Kasper hing mit fünf anderen Kindern immer noch am Holzbalken. Und er wollte doch so gern alleine schwimmen...

In der Nacht träumte er, er sei in Afrika in einem riesigen Fluß. Ganz allein auf dem großen Balken. Der Balken wurde plötzlich grün und bewegte sich – und es war ein Krokodil. Es bewegte sich immer mehr. Der kleine Kasper ließ schnell los, machte die Schwimmbewegungen mit Armen und Beinen und kam so an den Flußrand.

Am nächsten Morgen sagte der Kasper zu seiner erstaunten Mutter „Heute schwimme ich ohne Balken!“

Und weißt du, er konnte es wirklich!!!

So, nun schlaf schön.

Gut's Nächtle, mein Kind.

Krokodil

Material:

Körper: *50 cm x 45 cm Fell*
Schnauzenteil innen: *25 cm x 15 cm Filz*
Zähne: *60 cm Zackenlitze*
Augen: *2 Wollpompons oder Holzperlen, 20 mm ø*
Etwas Haushaltsgummi